猫猫治好了我的精神内耗

不用做别人的影子

[泰]柴亚派特 著
徐明莺 译

大连理工大学出版社
Dalian University of Technology Press

Copyright © Athingbook

Original Thai edition © AS MEDIA CO., LTD.

Simplified Chinese edition © 2025

The simplified Chinese translation rights arranged through Rightol Media in Chengdu.

本书中文简体版权经由锐拓传媒取得 (copyright@rightol.com)

著作权合同登记号 06-2024 年 第 276 号

图书在版编目（CIP）数据

猫猫治好了我的精神内耗. 不用做别人的影子 /
（泰）柴亚派特著；徐明莺译. -- 大连：大连理工大学
出版社，2025. 7. -- ISBN 978-7-5685-5720-7

Ⅰ. B842.6-49

中国国家版本馆 CIP 数据核字第 2025LA7662 号

猫猫治好了我的精神内耗：不用做别人的影子
MAOMAO ZHI HAO LE WO DE JINGSHEN NEIHAO : BUYONG ZUO BIEREN DE YINGZI

策划编辑	海迎新		
责任编辑	董歆菲	**责任校对**	海迎新
责任印制	王 辉	**封面设计**	刘润孟

出版发行	大连理工大学出版社		
地　　址	大连市软件园路 80 号	**邮政编码**	116023
邮　　箱	dutp@dutp.cn	**电　　话**	0411-84708842　84707410（营销中心）
网　　址	https://www.dutp.cn		0411-84706041（邮购及零售）

印　　刷	大连天骄彩色印刷有限公司				
幅面尺寸	130mm×187mm	**印　张**	5	**字　数**	100 千字
版　　次	2025 年 7 月第 1 版	**印　次**	2025 年 7 月第 1 次印刷		
书　　号	ISBN 978-7-5685-5720-7	**定　价**	48.00 元		

本书如有印装质量问题，请与我社营销中心联系更换。

我们对自己有太多不了解的地方。
"我为什么要这样做？"
"我为什么会有那样的感受？"
很多时候，这些问题没有答案。

我们明明知道，自己是痛苦的根源，
却仍然无法阻止。
"人们为什么总是对自己如此苛求？"
让我们从一只猫猫的视角，
来探寻问题的答案吧！

目录

引子

01

一条鲭鱼,就是我的整个世界

忘了我是谁

无知带来的幸福消失了

条件就像一把绳锁

每个生命都有自己的轨迹

永无止境的欲望

心中的钟摆

02

饱了就不再进食

太阳东升西落,世界如此平常

做自己没什么不好

01　　10　14　18　22　26　30　34　　42　46　50

03

我怕老鼠，也怕猫

你的价值你定义

落叶教会我的

无有之乐

你生过病吗？

即便睡不着，我也不寂寞

没有什么能够永恒

流动的水

睡眠如此美妙

幸福从未消失

雨总归是要继续下的

收获了纯粹的爱

梦醒时，我如释重负

54　58　62　66　68　　76　80　84　88　92　94　98　102

插画师手记

后记

- 不可避免,但可以选择
- 优雅地老去
- 拥有时,你是否感到幸福?
- 这世上没什么可怕的
- 世间万物都有各自的难题
- 财务自由
- 贵的东西都是给别人看的

04

110 114 118 122 126 132 138   146 153

引 子

"人生真的如此艰难吗?"

每当看到生活在现代社会中的人们,
我都会心生此问。

人们很容易情绪波动,
起因往往是些小事,
小到仅仅是一次眼神的交会。

幸福变得难以企及,
痛苦却轻而易举地降临。

过去几十年间,
世界有了巨大的发展。
人们如今能快速地跨越遥远的距离,
可以在通话时看到彼此的面容。
那些曾经看似不可能的事情,
如今变得如此轻而易举。

电影、电视剧、音乐……
无论你身处何地,手握一部手机,
只需网络连接,就能享受一切。
然而,与此同时,另一种情况也在发生。
世界的发展带来了某种变化——
物质上的充盈和精神上的贫瘠。

过去的生活虽然没有如今这般便利,
人们却更容易找到幸福。

而如今,
尽管人们拥有了诸多便利,
却难以找到属于自己的幸福。

"人们的生活变得更加舒适,
但幸福为什么遥不可及?"

人类从未认真思考过这个问题,
但像我这样的猫却对此感到好奇。

没错,
我是一只猫。
一只普通的猫,
生活在普通的世界里……

有人可能会疑惑,
一只像我这样的猫能知道什么,
不就是会"喵喵"叫吗?

是啊,一只普通的猫能懂什么呢?
它整天就知道睡觉、"喵喵"叫,
然后跑来跑去。

但我不一样。
我生来就保留着前世作为人类的记忆。
没错!
我记得自己还是人类时的时光。
于是,一种不同的视角就此产生。

这一世,
我用猫的眼睛看世界,
但我的脑海里,
依然保留着上一世人类的记忆和生活方式。

我清楚地看到,
人类把自己的生活搞得多么复杂。
他们什么时候才能意识到,
自己的生活充满了各种限制?

让我从一只猫的视角来解读,
说不定能让人类重新找回清醒。
喵……

一条鲭鱼,就是我的整个世界

在我还是人类的时候,
信息传播远没有现在这样迅速和广泛。
那时,人们只知道身边的事。
街边潘姨的小餐馆很好吃,
下个路口崔叔的甜点也不错,
而陶爷爷的冰咖啡和油炸糕是这一片儿最棒的。

那时,人们喜欢的东西都很简单。
他们安于所见所遇,
也安于本来的自己。
不需要刻意追求什么,生活就很舒适。

这些感受在这一世成为一只猫后更加明显了。
一条鲭鱼,就是我的整个世界。

现在,让我们来看看现代社会。
光是分辨各种各样的餐馆,
就已经让人疲惫不堪了。
还有数不清的烹饪技巧:
这个很好,那个也不错,另一个也还行。
媒体的宣传,
加上市场的营销,
人们早已无须去细数选择的可能。
每天的广告和社交媒体信息,
都在为人们提供越来越多的美食选择。

当选择增多,
人们的欲望也随之增长。
而当欲望增多,
幸福就变得越来越难以获得。

就是这么回事。
幸福和欲望息息相关。
这也是为什么过去的人们更容易找到幸福,
为什么猫比人类更容易找到幸福。

满足感非常重要,它是幸福的基础。
我们越容易感到满足,就越容易获得幸福。
但现在的人们,
却在学习如何变得不那么容易满足。

模仿别人已经成为一种常态。
"这个人吃了很好的食物。"
"那个人在咖啡馆拍了很棒的照片。"

但，他们是不是忘记了……
自己真正喜欢的是什么。
或者，他们一直在追随别人……
直到最后，剩下的只有无尽的欲望。

你知道吗？
猫的一天很简单，快乐也很简单。
秘诀就是：
"不要随波逐流！"

忘了我是谁

看到现代社会的人们,
我简直想大叫:
"喵……"

我对人们的穿着感到困惑。
在我还是人类的时候,
穿衣是为了遮蔽身体,
为了抵御风寒,
为了舒适,
为了保护皮肤。

但如今，
在炎炎烈日下，
人们却穿着长袖衫。
他们忍受着酷热，
任由汗水从脸上滑落……
仅仅因为穿那件长袖衫看起来好看。

服装已经变成了一种社会标准。
人们不在乎自己有多不舒服，
只要能让他们看起来好看就行。

此外,在相互模仿的社会常态下,
加之人们脆弱的自我认同感,
艺术家和明星成了社会潮流的引领者。

谁穿得像艺术家,
谁就会受到大家的赞扬。
失去自我成了一件平常事。

人们穿衣,
只为别人喜欢。
那么,这样和变色龙有什么区别呢?
一味地模仿他人,直到忘记了自己是谁。

人类可能觉得动物比他们低等。

嗯，或许确实如此。

然而，人类正在做的许多事情……

也让他们自己在退化。

做一个人……

曾经比现在简单得多。

为什么人们对自己的现状不满意？

为什么他们要给自己设定那些让生活变得更复杂的条件呢？

随着条件的增多，幸福变得愈发难以获得。

也许，你该停下来，休息一下。

抛开那些预设的条件，

找到"遗失的幸福"。

无知带来的幸福消失了

过去，人们共度的时光，
都是珍贵的时刻。
父母与孩子交谈，
朋友之间相互打趣。

周围洋溢着欢声与笑语，
人们无论多忙，
都会抽出时间来交流。
这就是为什么陪伴的纽带，
从未在社会中消失。

然而,时光流转……
快得连我这只猫都感到头晕目眩。
社会又一次发生了演变。

在这个世界里,手机——
它甚至不该被称为手机。
我们称它为"能打电话的计算机"。

手机既便捷又充满娱乐功能,
成了人人必备的物品。
甚至连还不会读写的幼儿,
都会使用手机。

低头看手机,
成了社会的常态。
人们沉迷其中,他们对手机爱不释手,
甚至得了颈椎病,抱着手机入睡……

随着手机成瘾达到顶峰,
亲人、朋友之间的交流消失了。
人们不再知道什么是亲密时光。
他们只知道手机能做什么,
以及最新的新闻是什么。
这种现象,逐渐塑造了新的社会价值观。
即便人们相聚一堂,目光却不再交会。

人们内心不得安宁，
因为他们对周围发生的事情了解得越多，
焦虑也越多。
"无知带来的幸福消失了。"

他们还记得吗，
那个手机只能用来打电话的时代？
那时，人们要幸福得多。
虽然生活不像现在这么便捷，
但却更加热闹，
那时的微笑和理解也更为常见。

条件就像一把绳锁

"这样就挺舒服的。"
身为一只猫,
这个念头总是在我脑海中浮现。
无论何时何地,
幸福一直都在。

微风轻拂嫩草,
细雨滴答落在屋顶瓦片上,
一群蚂蚁正搬运着它们的卵。
幸福就隐藏在这些简单的事物之中……
这个世界一直如此。

然而,人们却从未看到这些。
幸福就在那里,
但人们选择视而不见;
即使看见,也总是隔着层层条件。

他们首先看到的是条件，
思考也需要条件。
只有当事物符合他们想要的方式，
他们才会感到幸福。
而当条件未被满足时，就会陷入悲伤。

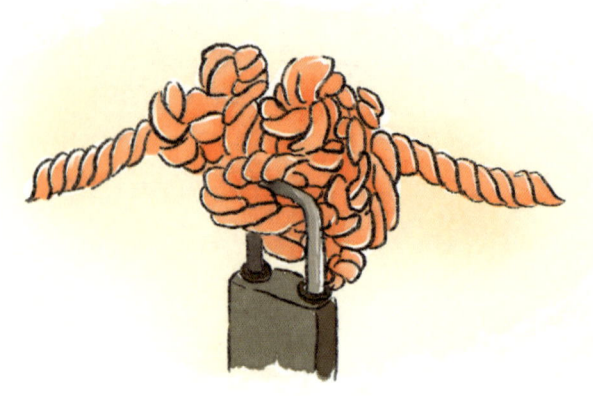

条件就像一个绳结，
外面还挂着一把锁。
想要获得幸福，
就得先找到钥匙开锁，
再解开那个难看的绳结。
光是想想这些就让我感到疲惫不堪。
看，这有多烦琐？

预设条件并非不好,
只是并不是所有的事情都需要条件。
"条件越少,幸福越多;
条件越多,幸福越少。"
就是这样。

一只快乐的猫和一个悲伤的人,
区别其实不大。
只是无条件的爱会让人更幸福。

每个生命都有自己的轨迹

当我还是一只小猫时,
我跟着妈妈学会了捕猎壁虎的技巧——
时机很重要。
如果时机不对……
一只壁虎也抓不到。

因此,学习对生活至关重要。
我学习,是为了快乐幸福地生活。
幸福是学习的目标。

但现在的人们，
我不知道他们学习是为了什么。
他们还能确定学习的目标是为了幸福吗？

过去，孩子们四岁时才开始接触学习。
如今，还不到一岁的幼儿就已经进行学习启蒙了。
过去，放学后是孩子们的娱乐时间。
如今，孩子们除了上补习班，什么也不能做。
整个学期都在上课，
即使学期结束了，他们仍然要上额外的辅导班。

随着社会价值观的改变
人们放弃了独立思考，
开始不断地互相模仿。
于是，无尽的学习就这样产生了。
孩子们为了取得好的成绩，
为了班级排名而学习。

那么，幸福的目标在哪里呢？
从为了幸福而学习
变成为了尽可能拿到高分而学习。

如果你做一件事却忘记了目标,
如果你做一件事只是因为习惯,
如果你做一件事没有经过太多思考,
那么,学习的终点,
可能是痛苦,而非幸福。

每个生命都有自己的轨迹。
没有固定的路线,
不一定要和别人一样。

每只猫以自己独特的方式行动……
那么,人们为什么却非要彼此相似呢?

永无止境的欲望

过去的人们和现在的人们，
有一点很大的不同……
就是购物。

过去，
人们只有在需要某种东西时才去购买。

如果他们不确定自己需要什么，
就会逛逛，看看商店里有什么。
然后，确定想要时才去购买。

但据我这样的猫观察到的情况来看,
如今的购物已经发生了变化。
人们购买东西不仅仅因为需要,
而是东西便宜或者正在打折。

"其实我只想要一个,但两个更划算。
那就买两个吧。"

"其实我不想要,但它很便宜。
那就买一打吧。"

人们按照自己的欲望行事，这本没错。
因为他们有欲望，所以才去做。
但他们是否想过，这些欲望……
究竟是源于自身，
还是受到了控制？

和木偶相似，
欲望和思想被控制着……

你知道吗?
一只猫有时可能不太走运,
但却不会觉得缺少些什么。
当没有什么渴望的,欲望也就不存在……
又怎么会觉得缺少些什么呢?

奇怪的是,有那么多东西能满足人类,
但他们却还想要更多。

他们得到的越多,想要的就越多。
他们越是自我满足,就越觉得空虚。
他们不得不持续寻找新东西来买,永无止境。
这就是人类。

心中的钟摆

我在这个世界上见过很多事。
人们会因发生的事情而感到幸福与悲伤。
有喜有忧。

当事情如预期发展时,
我们称这种满足感为"幸福"。

当事情没有按计划进行时,
我们称这种不满足感为"沮丧"。

但没有人能永远满足,
也没有人能永远不满足。
人们的内心就像时钟里的钟摆,
不停地来回摆动。

向左摆动时,他们感到幸福,
向右摆动时,他们感到沮丧。
这就是人类的内心吗?

作为一只猫,
在许多情况下,像我这样的猫,
什么都做不了。
我只能学会接受现实。
然后,我的内心变得平静而空灵。

心中的钟摆……
谁说它必须一直摆动?
只需接受现实,就能让它静止下来。

若因心中的钟摆摆荡,
感到厌倦和眩晕,
时而喜时而忧,
何不试着开始接受现实呢?

已发生的事,已然发生。
最后,你终究还是得接受,不是吗?
别再纠结事情是否尽如人意。
接受现实,岂不更好?
"人无须过度思虑。"

饱了就不再进食

随着年岁渐加,
不同事物我看得越发清晰。
在猫的世界里,
有许多观点与人类迥异。
其中,很明显的一点,
就是懂得知足地生活。

在猫的世界里,
饱了,就不再进食;
饿了,就会吃东西;
做完事情,就去睡觉。
其实,生活并不复杂,
就是如此简单。

然而，古往今来，
人们在飞速发展的世界里，
追逐着新奇有趣的事物
以及有意思的创新产品，
欲望不断地膨胀。

生活就像一个空杯子，
承载着人们的基本需求。
杯子的大小始终不变，
人类的基本需求亦是如此。

满足自我，
就如同往杯子里倒水。
杯子的大小不变，
若不停地往杯子里倒水，
水溢出来就是再正常不过的事了。

然而，人们却认为必须不停地往杯子里倒水，
杯子满了，他们还在继续，
总是想得到更多。
这个执念永无止境……

关键不是人类无法满足自己的需求，
而是人类不懂自己。
他们不知道自己需要多少，
也不知道多少才算足够。

当他们不关注杯子，只顾着往里面倒水时，
就不得不无止境地回应自己的欲望。

"生活很简单，
你只需了解自己，懂得知足。"

太阳东升西落,世界如此平常

"这个世界难道不是混乱又反常的吗?"
曾经的我这样想。
这个世界是不公平的。
如果我想过上好日子,就必须为此而奋斗。

这个世界充满了自私。
好人被坏人取代。
危险无处不在。
这就是我曾生活在恐惧中的原因。

但当我成为一只猫,
我眼中的世界却截然不同:
太阳东升西落,
清晨蝴蝶翩翩起舞,
雨后青蛙欢快跳跃,
这个世界并不混乱,而是如此平常。

为什么当我改变了,世界也会随之改变?
有些人类依旧自私……
这个世界的危险也仍在增加……

.

.

.

其实,世界并未改变。
它一直如此,并无异样。

境随心转,心念的变化让我们眼中的世界变得不同。
世界无法改变,但我们可以改变思维方式——
选择如何看待这个世界。

"世界的样子取决于你如何看待它。"

做自己没什么不好

今天,我吃到了一条大鱼。
吃饱后,我躺在草丛里,
伴着暖阳入眠。
我觉得我的生活非常完美。

第二天,我什么也没吃。
只喝了草尖上的露水,
我与一群蝴蝶嬉戏,
躺着看鸟儿飞翔。
这足以让我觉得……
今天依然是完美的一天。

在一只猫的世界里,
没有哪一天是不完美的。
每天都能找到幸福。
幸福如此易得,这让我感到困惑。

为什么我总是有这样的感觉?
无论发生什么事情,
我的心总是充实的……
为什么会这样呢?

后来,我找到了答案。

我没有什么遗憾。
只是觉得:
"做自己没有什么不好。"

做自己本身就已然完美!

梦醒时,我如释重负

昨晚,我从一个极其可怕的噩梦中惊醒。
我梦到自己还是人类的时候,
为了金钱,不得不做各种事情。
我在满足与失望中煎熬,
活在他人的眼光里,身不由己。

醒来时，我感到如释重负。
我依旧只是一只普通的猫，
无须担心任何人的评判。
我可以选择自己的喜怒哀乐。

人们为什么没有这样的自由呢？
为何他们要束缚自己，
总是屈从于他人的评判？
这个世界并不残酷，
是人们对自己太过残酷。

细细想来,
人生与梦境并无太大不同。
梦境是我们的想象,
是我们执着于心、日思夜梦的幻想。
我们感到困扰,
只因那些是我们自己编织的梦。

在现实中,没有什么是永恒的,
没有人会永远快乐或悲伤,
一切都是暂时的。
因此,现实与梦境并无太大差异。

上辈子,我是一个人,
这辈子,我是一只猫,
下辈子,我不知道自己会是什么。
但有一件事我很确定……

没有什么是永远一成不变的。
当我不再过度思虑、不再执着于某事时,
所有的烦恼,
都会自行消散……

收获了纯粹的爱

我觉得猫真是幸运,
它们的生活不需要钱。
因为很多时候,
金钱让人们忘却了
真正需要的是什么。
情感？幸福？平凡？
还是财富？

金钱至关重要,这没错,
因为商品交易需要它。
但你是否忘了?
有许多东西,
是金钱买不来的。

尤其是情感,
金钱对其毫无掌控力。

在猫的世界里，
每只猫都遵从本心而生活。
当金钱不复存在，
追求财富便失去了意义。
没人比我更了解自己，
我也无须更高的声名。

但像我这样的猫所获得的
是听从内心的自由。
我收获纯粹的爱，
不掺杂任何功利的期许。

我收获了,
金钱买不来的东西……

我过上了惬意的生活,
拥有了一种美好地看待世界的能力。

你呢?
你想要什么?

雨总归是要继续下的

早上，我在清新的空气中醒来。
从昨夜起，雨就一直淅淅沥沥地下着。
直到清晨，仍未停歇。
这种潮湿的氛围，
让我只想蜷缩起来继续睡觉。
我喜欢雨。

但仔细想想,当我还是人类的时候,
我讨厌雨。
每当下雨,
妈妈在市场上的鱼就卖不出去。
妈妈总会祈求,
雨别再下了。

看看现在,
很多人在雨中行走。
有些人面带微笑,
而有些人则感到烦恼忧愁。

这就是现实。
雨只是在履行自己的职责。
它并没有困扰任何人。
人类自己感到烦恼……
因为他们不接受现实。

下雨是正常的,
下雨时东西被淋湿也是正常的。

无论接受与否,
雨总归是要继续下的。
为什么人类不选择接受和理解呢?

如果你因下雨而感到烦恼,
请不要怨天尤人。

"这一切纷扰的根源,
是你执意拒绝接受那最简单的现实。"

幸福从未消失

有很多次我出发去找寻幸福。

幸福在哪里?

幸福是什么模样?

我外出闯荡,

穿过大大小小的灌木丛,

跳过围墙,

在屋顶上行走。

但是走了一会儿,我开始感到又累又渴。
呃……我越是寻找,
越难发现它的踪迹。
我越是努力,它却似乎消失不见了。

这一天太累了,
所以我停下来,回到老地方睡觉。

哦,原来幸福在这儿。
当你刻意去寻找它时,往往是无法找到的。
如果你感到幸福,就无须再去追寻……
因为,幸福从未消失。
别再一味地想着,必须踏上征途去寻找幸福,
放下执念,你便会发现,原来幸福一直在身边。

睡眠如此美妙

为什么猫猫喜欢整天沉浸在梦乡中?
起初,我担心整天睡觉会很无趣。
但当我自己入睡时……
我发现,睡眠是如此美妙。

当我们入睡时,
无论外界多么混乱,
无论我们多么忧虑,
在躺下的那一刻,
那些纷扰的思绪,
便慢慢从心中消散。

"是的,正是如此。
世间万物都已渐渐消散,
在我们酣睡时……"

静观入眠，
每天都能提醒我们：

这世上的混乱从不由外界造成，
而是源于我们纷乱的思绪。
当我们停止了忧思，混乱便会消散……

我观察得越多，就越明白。
我是谁？我喜欢什么？
我不喜欢什么？
关于我们所有的一切——幸福、悲伤，
都源于我们的思绪……

当我们醒来,
种种思绪又一次从脑海中奔涌而出。
这是我的,那是我们的,这又是他们的,
这就是我们的症结所在。

当我们静观入眠,
我们不会执着于这一切,
也不会将过错都归咎于周遭事物。
我们不会忘记……
真正混乱的,是我们的思绪。

"倘若你仍未领悟,试着去睡一觉……
让我们静静地观察。"

流动的水

经过几天的倾盆大雨,
运河的水位悄然上升。
当我低头凝视时,
看到那曾经静止的水面
正朝着一个方向缓缓流淌。

这流淌的水
与流逝的时间很像，
一去不复返。
当某事发生，
便无法挽回。
"接受现实，顺其自然。"

昨天已经过去，
今天刚刚来临，
而今天很快又将成为过去的一天。
生命的流逝就如同流动的水。

我们无法修复过去，
也无法预知未来，
但我们可以让现在变得更美好。
这就是为什么当下是最重要的时刻。

纠结不堪的过去，
畏惧未知的将来，
这并不是一种基于现实的生活。

我们所感受和拥有的，
唯有当下。

在猫的生活中，似乎没有光明的未来。
猫猫只会"喵喵"叫，舔舔毛，然后安然入睡。
但，所有的猫都活在当下。
猫不为过去或未来忧虑。
这就是为什么猫每天都如此悠然自得。

没有什么能够永恒

大自然是一种美，
是对万物生灵的馈赠。
无论是人类还是其他动物，
都能与大自然和谐相处。

在我看来，
让大自然增添几分美丽的点缀，
非繁花莫属。
像我这样的猫猫，喜欢卧在花丛之中。

花儿是美好的事物，
为大自然染上缤纷的色彩。
它散发着宜人的芬芳，
给人一种放松的感觉……

然而，无论花儿多么娇艳，
都很快便会凋零，飘落于地。

由此，
花儿向我们揭示了一个道理：
没有什么能够永恒存在，
没有事物是不朽的……
一切皆难长久。

抽芽，
葳蕤，
零落，
复归尘泥……

倘若领悟了这一点，
便不必再紧握执念。
毕竟最后，一切都终须放手。

即便睡不着,我也不寂寞

今晚,毫无睡意,
可能是因为我已经睡了一整天。
即便睡不着,我也不寂寞,
因为天上的星星是我的朋友。

无论夜有多黑，
星星都会闪闪发光。
相反，如果夜空不够黑，
根本就看不到星星……

尤其是在白天，
我们可能看不到星星，
但它们始终存在，
从未离开。
只是因为阳光盖过了星光，
并不意味着星星消失了。

生活中的许多事情
与星星的光芒并无不同。
这些星星一直在教我们:

在每一片黑暗中,总有光明……
在每一个困难中,都有机遇……
当我们遇到糟糕的事情时,
总有好的视角可寻。
一切都取决于我们如何看待它。

你生过病吗?

你生过病吗?
一定有。谁没有经历过生病呢?
无论是人类还是动物,
一旦出生,就会遭受疾病的折磨。

当我还是人类的时候，
最害怕的就是生病。
但无论我有多么害怕，
也无论我多么悉心地照料自己，
最终，还是会生病。

现在身为一只猫，
我依旧会生病。
时而生病，时而健康。
但当我不再害怕它，
生病就是正常的……

没有什么能够永远强壮。
没有什么会永远存在。
所有被创造出来的事物
注定都会衰败。

新的事物会变旧。
健康的身体会生病。
这是世界的普遍真理。
这……就是常态。

人类所追求的"正常",
即完全不生病,
是不存在的。

人类的"正常"并不正常,
而人类所认为的"不正常"
从某些角度看,都是正常的。
人类或许可以骗得了猫。
但是,拜托……
人类啊,别再自欺欺人了。

无有之乐

"拥有"一词，深受人们喜爱。
人人皆为"拥有"而不懈奋斗。
一旦心生向往，便会竭尽全力去获取。

我们总以为，拥有了便会幸福。
然而，求而不得时，
我们就变得满心悲戚。

即便得偿所愿，又会惧怕失去，
害怕与拥有的一切分离。
如此，悲伤便如影随形，无尽无休。

"拥有"这个词
究竟意味着幸福，还是悲伤？

像我这样一只猫，因为没拥有太多，所以快乐。
拥有不多的人们，不妨仔细探寻……
便会从"无有"中寻得幸福。

知足，方为真正的幸福。

落叶教会我的

对人们而言,大部分知识的获得
源于学校教育。
正因如此,人们习惯了
跟随授课人学习,
以至于忘了从周围的事物中汲取知识。

但猫不上学，
所以习惯从大自然中学习。
这是身为猫的又一个好处……
即便人类效仿此举，
猫也不在意。

我们周围的一切始终教导着我们。
能不能留意到并向周围的事物学习，
这取决于我们自己。

比如，落叶，
它教会了猫猫这样一个道理……

每一片落叶……
与不如意之事并无二致。
树叶通常都会飘落,
正如不如意之事往往也会发生。

这就是为什么猫猫不会为此而烦恼。
因为发生的一切都很平常!

你的价值你定义

这世上怪事颇多。
比如像我这样一只猫,
能记得自己的前世,
又比如人们,
不在意自身的价值。

千真万确。
人们总是让身边的人
来定义自己的价值。

当今世上的人们，
任由他人来定义自己的价值。
一个人该成为什么样子，
皆由社会判定。

我们的幸福何在？
同样，由社会定夺。

这样的人们和被编程的机器人
又有什么区别呢?

我常常看到这些,却始终无法理解。
人们为什么不询问自己?
为什么一定要遵循社会的说法?

什么是幸福?什么是悲伤?
你应该自己来定义。

我怕老鼠,也怕猫

这世上可怕的事物数不胜数。
当我还是人类时,
我得承认……我曾是一个非常胆怯的人。

老鼠……我怕。
猫……我也怕。

但如今成为猫后,
说来奇怪,我什么都不怕了。

老鼠……我不怕,甚至还爱吃。
猫……我自己就是猫,怎么会怕?

如果这些东西真的可怕,
那为什么我现在不怕了呢?
于是我有了疑问。

恐惧究竟是什么?
我们所惧怕的事物从何而来?

我躺了会儿,晃着尾巴思索片刻,
便有了答案。
恐惧是我们思想的产物,
一切都源于我们自身。

正因如此，每个人、每只猫
害怕的东西都不一样，
令人恐惧的事物也不尽相同……
因为我们的想法各不相同。

总而言之，恐惧完全是我们的思想作祟。
我们觉得某个东西可怕，然后就心生恐惧。
这一点，猫和人类都一样。

贵的东西都是给别人看的

相信我……
你我看到的并无二致。
这一现象在当今社会极为普遍。
如今有些人买东西并非为了使用,
而是像供奉神明般悉心照料。

随着社会的变迁，
有些人的价值观发生了改变，
他们认为若想显得格调高雅，
就得依靠奢华物品。

如今，一些产品除了具备正常的使用功能，
还附带了品牌效应。
一部分人不再关注产品的实际功效，
而更加在意其品牌效应。

有些人买的东西价格不菲,
他们舍不得经常使用。
仅用于向他人炫耀,便足以让他们心生欢喜。

这样的人对待物品,
呵护胜于使用,
唯恐它们沾染污渍。
甚至买下它,也只是为了炫耀。

难道他们不明白吗?
费心照料物品是一种煎熬,
是心灵的负担。
当物品沾染污渍或遭到损坏,主人就会难过。

人类啊……
将自己的幸福交由他人评判,
难道还不够可悲吗?
为何还要把幸福寄托于物品?

"你的幸福与悲伤为何不由自己掌控?"

财务自由

人人都热爱自由，
人人都渴望自由，
无论人类还是其他动物，
万物生灵都追求自由……

我们猫猫也一样。
无论被人类照顾多久，
我们还是常常溜出去玩耍，
因为那就是自由。

然而，人们的生活方式却颇为奇特。
他们渴望自由，
却又在种种条件的束缚下，过着不自由的生活。

人们受到诸多因素的束缚。
其中，影响最大的，
非金钱莫属。

金钱在这世上是很奇特的东西。
一个人拥有的金钱越多，就越容易成为金钱的奴隶，
人类对金钱的欲望会无限膨胀。
同样，越是囊中羞涩之人，
对金钱的渴望就愈发强烈，
他们想要拥有财富。

因此，摆脱金钱的束缚，
并非取决于拥有多少财富，
而在于一个人对自身收入的满足程度。

拥有更多金钱，并不意味着感到满足，
相反，有些人甚至渴望获得更多。

所谓的财务自由，
"并不取决于金钱的数量，
而是，
人们是否得到了满足？"

世间万物都有各自的难题

我给你讲个故事。
昨天,我嘴里叼着一条鱼路过一户人家,
差点被那家的狗咬伤。
我侥幸逃脱,但鱼被狗抢走了。
我虽想要那条鱼,但并不难过。
至少,我知道以后别靠近那户人家了。

历经岁月沉淀,
我明白了……
生命中都会遇到不尽如人意的事情。
无论人类还是动物,
世间万物皆有各自的难题。

许多人不喜欢问题,
他们不想面对问题,
因为他们觉得问题是不好的。

但事实上,
让我们得以学习,
变得更加谨慎并不断完善自我的,
这些美好的特质,
皆源于我们所面对的问题。

确实如此。
如果不面对任何问题，我们就无法提升自我。
日复一日安逸地生活，
不做任何改变，也毫无进步。
因此，面对问题实则是一次契机。

然而，无论我们喜欢与否，
问题总会找上门来。
既然无法逃避，
我们就应该善加利用，从中汲取经验。

问题是世间常态。
它是否有益，
全在于我们如何应对。

这世上没什么可怕的

这个世界藏着一个秘密。
我在打盹时,偶然发现了它。
整日酣睡中,
我察觉到一件平凡却又极为特别的东西,
我称之为"时间"。

凭借猫猫无尽的睡眠……
加上我的敏锐观察，
我发现了时间的非凡之处。
它能治愈一切。

当我们烦恼缠身，
当我们心事重重，
当我们觉得无能为力，
当我们无计可施，
事实上，
"时间"正在悄然治愈我们。
我们只需耐心等待。

若你仍未领悟，不妨回首过往。
你会发现，在困境之中，
你曾以为自己熬不过去，
以为自己再也无法展露笑颜。
然而此刻，
你却不知不觉渡过了一切难关。
你无须刻意解决，便已走过风雨。
这便是"时间"的非凡力量，
它能治愈一切。

这世上没什么可怕的,
我们从不孤单。

"坦然且耐心地生活,
时间会为我们解决余下一切。"

拥有时,你是否感到幸福?

我看到许多人,
一生都在追寻某些东西,
却始终未能找到。
一旦踏上寻觅之路,便仿佛陷入无尽的追寻。

人类认为自己所做的一切都是为了幸福,
但实际上, 许多行为,
不过是为了填补内心的空虚……

的确如此。
当内心有所缺失,
他们便会寻找某些事情来填补。
然而, 缺失源自内心, 仅从外在填补,
永远无法真正满足内心的渴望。

我们或许会从周围人那里了解,
什么能让我们幸福。
我们或许会从网络和社交媒体上得知,
什么是正在流行。

但你可知道……
按照别人的幸福标准生活,
不能让你找到属于自己的幸福?

幸福……
是一种源自内心的满足，
它无法通过模仿来诠释。

追寻幸福就像为心灵拼凑一幅拼图。
首先,要留意自己缺失的部分,
了解自己,
问问自己。

我的幸福究竟是什么?

幸福并非一定要用钱购买,
幸福不总是美味佳肴,
幸福也不一定与昂贵的物品相关。

别蒙着双眼拼拼图,
别在不知道自己想要什么的时候就去追寻幸福。

"拥有多少并非关键,
重要的是,拥有时你是否感到幸福。"

优雅地老去

不知不觉间,
我已经 11 岁了。
我意识到,猫猫到了 11 岁,
健康状况就开始走下坡路。
猫猫的 11 岁相当于人类的 60 岁。
可以说,我是只老猫了。

很多人可能觉得,
所有生命都要走向衰老,这是不幸的事。
为什么不能永远健康呢?
但在我看来,
衰老……
是人类的好朋友。

衰老为生命带来了平衡。
它提醒着世上所有的生命。

如果没有衰老,
世界将失去平衡。
万物将泛滥成灾。
那些诞生后却无法消逝的生命,将无处可栖。
正因有衰老的存在,世界才依然是一个宜居之地。

先辈们会逐渐消逝,直至不留痕迹,
新的一代将诞生,取代旧的一代。
这就是世界的平衡之道。

若所有的生命不以死亡为基石,
生命的诞生、成长与终结便会失去意义,
生命将变得盲目,人们将不再自我反思,
不再有任何事物能让我们停下脚步,审视生活。

正因如此,衰老总会如期而至,提醒着我们:
我们为何而生?
意识也会随之觉醒,指引我们,
幸福究竟在何处。

当你用心观察便会明白，
衰老有多美好。

当我们的身体逐渐衰老，
当周围的事物慢慢衰败，
我们重获意识的契机就会到来。

像我这样的猫都能明白，
人类也该有所领悟了。

"身体越是衰弱，你便越要清醒。
人类啊，别再徒增痛苦与悲伤。"

不可避免,但可以选择

今天,我发现了一堆垃圾。
许多垃圾袋被丢弃在那里,
臭气熏天,
连只猫都难以忍受,
只想赶紧逃离。

走了一会儿,
我看到路边花径成篱。
许多花儿刚刚绽放,
花香在空气中弥漫。
那令人心旷神怡的香气,让我沉醉不已。

如今想来,
发现一堆垃圾和一片花丛,
与生活颇为相似。
鲜花宛如生活中的美好之事,
而垃圾则如生活中的不如意。

时而,我们会邂逅美好,
时而,我们又会面对不如意,
这是生活的常态,
每个人都无法避免。

当生活中要面对诸多事情时,
人们总喜欢留存。
他们将发生在自己身上的好事与坏事,
统统混杂在一起,留存。

大多数人都是如此。
他们为收集到鲜花而欣喜,
却又因堆积的垃圾而痛苦。

事实上，
我们或许无法避免
生活中遭遇的不幸。
然而，我们可以选择
只将生活中的美好留存于心中。

生活中遇到鲜花和垃圾实属平常，
为何我们不选择
只保留美好的瞬间呢？

"在生活中，
我们的选择比想象中的多。"

但像我这样的猫会做得更好。
我什么都不想留存,
只想走过一切。

尽管鲜花宜人且诱人,
但它们终究会凋零。
最终,我还得丢弃那些花儿。

"与其留着这些东西,终有一天不得不舍弃,
不如一开始就什么都不留,反而更加轻松自在。"

后记

"事实上,人类的生活
不必过于复杂。
幸福比你想象的更为简单。"

这是我通过观察得出的答案。
多年来卧立思索,
我终于明白,
一切都只是我们的想法。

我该如何生活?
我是怎样的人?
幸福是什么?
痛苦又是什么样的?
每个人都有自己的设想。

我们的生活没有一成不变的规则。
每个人都在追求幸福。

很多时候，我们的所作所为，
却让幸福更难以企及。

我们模仿周围的一切，
模仿身边的人，直至忘却自我。
其实，人类不过是想要幸福，
一种与众不同的幸福。

如果你觉得获得幸福不难，那它便不难。
之所以觉得难，是我们自己将其复杂化。

为何要设定诸多条件，
让幸福变得复杂呢？

"简单的幸福，
更令人惬意。"

所有生物的生命
并不漫长,
不会永远存在。

所有生命都只是短暂的停留,
最终都会消失。

不要忘记,一切都是暂时的。
不要忘记,所有的篇章很快都会成为过去。

无论我们遇到多么艰难的事,
抑或我们多么幸运,
都只是暂时的,终会结束。
我们总能重新开始……

我并非永远都保持自我。
我并非总是一成不变。
当我不再思考自身的存在，
我便从自己的思绪中渐渐消逝。

一只猫。一个人。
所有这些都只是众多思绪中的一部分，
它们被想象出来，终究也会消逝……

"不要执着于思绪，
仅此而已。"

插画师手记

时光飞逝,不知不觉间,我又完成了一部新的作品。
我想表达我的感激之情。
感谢那些在我思绪陷入困境时,
给予我指导的前辈们;
感谢我身边的大自然,它激发了我的想象力;
感谢我所经历的那些事情,
它们让我反思,并拓宽了我看世界的维度;

最后,我要感谢每一位拿起这本书的读者,
正是因为你们的支持,
我才有了持续创作的热情和动力。
真心希望本书能够为
每位读者的心灵带来慰藉。

——帕那查孔·尤萨拜